上海市高峰学科、上海市软科学研究计划资助项目（项目编号：14692106500）

基于多目标计算方法的既有建筑环境改造

——以上海里弄为例

陈青长　著

U0376203

中国建筑工业出版社

图书在版编目（CIP）数据

基于多目标计算方法的既有建筑环境改造——以上海里弄为例 / 陈青长著. — 北京：中国建筑工业出版社，2018.5

ISBN 978-7-112-22114-1

Ⅰ. ①基… Ⅱ. ①陈… Ⅲ. ①胡同—居住建筑—改造—上海 Ⅳ. ① TU241

中国版本图书馆CIP数据核字（2018）第079077号

责任编辑：张幼平
责任校对：焦　乐

基于多目标计算方法的既有建筑环境改造
——以上海里弄为例

陈青长　著

＊

中国建筑工业出版社出版、发行（北京海淀三里河路9号）

各地新华书店、建筑书店经销

北京点击世代文化传媒有限公司制版

天津图文方嘉印刷有限公司印刷

＊

开本：880×1230毫米　1/32　印张：3⅞　字数：61千字

2018年7月第一版　2018年7月第一次印刷

定价：**38.00**元

ISBN 978-7-112-22114-1

（31950）

目　录

第一章

绪论

❶ Salvatore Diglio.Urban Development and Historic Heritage Protection in Shanghai.RGS-IBG Annual Conference . London. 2005.

1. 研究背景

1）现状维度

上海城市化处在前所未有的快速发展时期，对城区里弄等历史建筑的定位与研究也达到了一个新的水平。表面上看，这似乎是一个矛盾的现象，但实质上，对城市历史和文化传承的强调，正是对快速城市化过程的调整与把握。与此同时，城市化引发的大规模旧区改造也使原先集中成片的里弄分崩离析，不断高攀的动迁成本进一步加剧了里弄再生的难度。现存里弄及其居民的去向问题，是各界关心的问题。❶ 虽然里弄极为"普通"，但由于存量多、分布广、影响大，因此委实不可小视。从宏观经济可行性角度看，过去简单拆除动迁的办法随着拆迁成本的剧增而显得举步维艰；从中观社会文化角度看，让普通里弄原地留存，保留大部分居民并改善其生存条件，不失为既利于民生，也利于文化和社会价值的塑造，与政府提出的"保护和保留不低于10%的里弄石库门住宅"❶的政策相契合。在此背景下，越来越多的里弄尝试原地改善居住功能以提高生活质量，如增设卫生淋浴设施等。但现有的里弄更新项目尚未触及改善建筑热工性能这一更为重要的范畴，因此在环境性能评价和再生方法上仍存在一定的局限性。❷由此而言，如何通过改造建筑表皮进一步优化居住的舒适性，并与建筑形态相适应对里弄建筑在新形势下的再生机制进行研究具有十分重要的意义。

2）目标定位

以上双向分析基本可以确立为普通里弄再生的出发

---

❶ 2003年11月，上海市政府批准了《上海市中心城历史文化风貌区范围划示》，确定了中心城外滩、老城厢等12个历史文化风貌区，总用地面积26.96km²，融合了上海城市发展过程中各个时代的鲜明风格，体现了近代上海在社会经济、文化、生活各方面的成就和发展轨迹，规模相当于摩登时代旧上海市区的1/3；保护和保留不低于10%的里弄石库门住宅；先后分4批确定了632处历史建筑保护单位。

❷ Non Arkaraprasertkul. Towards modern urban housing: redefining Shanghai's lilong. Journal of Urbanism.2009(3)，11-29.

点和立足点，在此基础上，其再生目标主要可分为两项：

（1）通过适应性改造优化既有建筑"年老色衰"、性能不佳的居住环境；

（2）里弄具有历时性，在各发展阶段存在不同的历史文化特色，在外部形态上可集中反映于外围护基体的质地和肌理，不同时期的文化应在挖掘梳理后和谐共生。

2. 国内外研究现状及发展动态分析

1）国外旧区改造的已有研究概述

西方的城市旧区改造从产业革命至今基本经历了工业化时期的大拆大建、城市化时期的大拆大建和清理贫民窟、渐进式小规模改造、社区建设与公众参与、可持续发展。其指导理念也发生了相应的变化：从实现近代化的功能性改造、大规模改造的现代主义建设，逐渐过渡到小而灵活、丰富多样的社区重建和可持续发展理论（Sustainable Human Settlements）。

西方旧区改造的理论和实践可以归结为以下几点：

（1）"以人为本"的思想加强。旧区改造开始更加注重人的尺度和人的需要，强调居民和社区参与更新过程的重要性，改造重点从对贫民窟的大规模扫除向社区环境的综合整治、社区经济的复兴以及居民参与性的社区邻里自建。

（2）文物保护意识增强。旧区改造更加强调以历史文化的保护为前提，重视对现状环境的深入研究和充分利用，反对简单地推倒重建，主张保护环境中"好"的部分，更新和整治"差"的部分。

（3）旧区改造的方式从大规模的以开发商为主导的

❶ 方可.探索北京旧城居住区有机更新的适宜途径.清华大学博士论文,
1999.5.

推倒重建方式,转向小规模的、分阶段的、主要由社区
组织开发的谨慎渐进式改善。

（4）可持续发展思想逐渐成为改造的主流和社会的
共识。❶

2）日本建筑学家的"共生"理论应用对于里弄环境再生的借鉴意义

"共生"原为生物学的概念,用于生物学的研究已
有百余年的历史。随着生物学研究的深化以及社会科学
的发展,人们认识到共生现象同样体现在人类社会的各
个领域,20世纪五六十年代以后,"共生"的思想和概
念已不为生物学家所独享,而是逐步引起人类学家、生
态学家、社会学家、经济学家甚至建筑学家的广泛关注。

日本建筑学家黑川纪章在20世纪七八十年代逐步

建立了城市建筑的共生概念和思想,初版于1987年的《共生思想》一书以其"共生哲学"为主线,内容包括:历史与未来的共生、异质文化的共生、部分与整体的共生、内部与外部的共生、理性与感性的共生、宗教与科学的共生、人与技术的共生、人与自然的共生,甚至还包括经济与文化的共生、年轻人与老年人的共生、正常人与残疾人的共生等。共生哲学涵盖了社会与生活的各个领域,将城市、建筑与生命原理联系起来,它不仅是贯穿黑川纪章城市设计思想和建筑设计理念的核心,也是他创作实践中遵循的准则,这在他的城市设计和建筑作品中均得到体现。

以生物学的共生理论为基础,将共生这一生物学说向城市建筑拓展,是黑川理论具有开拓意义的主要价值。它对建筑学科的三个基本启示在于:共生不仅是一种生物现象，也是一种社会现象；共生不仅是一种自然状态，也是一种可塑形态；共生不仅是一种生物识别机制，也是一种科学研究方法。

课题试图在此基础上，将共生原理具体应用于上海里弄的再生研究。研究总体分为两个步骤。首先从共生原理的基本概念入手，分析共生关系的类别模式，进而建立共生研究的基本逻辑框架和基本分析方法，并从分析中得出一些基本结论。诸如共生是自然界和人类社会普遍的自组织现象，合作与协同是共生现象的本质特征，对称互惠共生是自然界与人类社会现象的必然趋势，进化是共生系统发展的总趋势和总方向等。

其次，使用这些方法和结论，为上海里弄再生提供新的思路和方法，以共生的观点认识和判断里弄多环境性能要素、多功能、多文化的共生关系，通过共生模式的合理性比较，探究使其达到最佳共生状态，符合共生规律，科学地引导里弄共生关系和共生模式向稳定的共生效果发展。

3）国内关于上海旧区改造、里弄再生的已有研究概述

对于上海旧区改造的研究文章早已有之。查阅文献可知，早在 1927 年，杨哲明就在《美的市政》一书中提出：

"旧城改造的困难有下列四点：（一）从旧城改造新市，先须拆毁已成的各种建筑物颇多，物主往往以损失太大，群起反抗，甚至发生暴动，这是困难的第一点；（二）从旧城改造新市，地价因之不同，以买卖土地为生涯的人，往往利用时机，高抬地价，妨碍新城市之实行，这是困难的第二点；（三）由旧城改造新市，往往因已有之

❶ 杨哲明著.美的市政.上海:世界书局,1927.5.（作者为20世纪中国第一代建筑师,在美国接受"学院派"建筑教育,还著有《现代美国的建筑作风》《现代市政通论》等。）

❷ 王绍周著.上海近代城市建筑.江苏:江苏科学技术出版社,1989.108～112.

房屋,不能拆毁,致改良计画不能一一举行,这是困难的第三点;（四）由旧城改造新市,费用浩繁,既需拆毁原有各物的费用,又需预备实行新计画的巨款。加之旧城土地上,既多营造之物,其售价必定较平定无营造物者为昂。如此则用费必大,于改良时筹款困或不易,这是困难的第四点。"❶

新中国成立以来,我国城市旧区再生理论的研究和实践发展较为缓慢。关于里弄室内空间的再生研究比较有代表性的是1989年出版的《上海近代城市建筑》,作者王绍周教授对里弄建筑的室内再生已有详尽的"空间组织与利用"专篇研究,包括"房间巧妙分隔、卧室小阁楼处理、坡屋顶分隔利用"❷等细节,细致入微,成果显著,对今天改善里弄促狭的室内布局、实现使用面积最大化仍不失为有效可行的方法。不过这终究是在单元内部做文章，并没有在外部环境性能上"开源节流"，因此新的研究还要从里弄外部围护实体这一角度入手，整体调理、优化其综合性能。

进入 20 世纪 90 年代以后，随着计划经济下土地开发建设权国有制的悄然转变，上海城市建设和土地市场迅疾发力。在一系列的政治信号如 1990 年 5 月《城镇国有土地使用权出让和转让暂行条例》的出台、开发浦东和邓小平视察南方谈话的激励下，上海城市建筑的格局面貌从此发生巨变，也引发了城市的大规模旧改挑战，有关研究日益增多。

范文兵的博士论文《上海里弄的保护与更新》（同济大学卢济威教授指导，2001 年）通过多学科理论交叉综合并与实践密切结合的研究方法，针对涉及里弄再生的政府政策制定、经济利益权衡、居民弱势群体的利益维护、城市特色保护和发扬方面，运用城市规划学、城市社会学、建筑学、经济学、城市更新理论、历史保护理论、城市设计理论等多学科知识，借鉴大量国内外的实践经验，力求在综合研究中找到解决对策。同时，也由此建立起指导一般性旧城历史居住区再生的研究框架。论文指出上海里弄保护与更新应该实现的两大现实目标，即"保护和发扬历史风貌特色"与"维护里弄居民切身利益"，并总结出改造过程中应该遵循的基本原则，预测了里弄再生的未来发展趋势。

常青教授的《旧改中的上海建筑及其都市历史语境》（《建筑学报》2009 年第 10 期）以上海 20 世纪晚期以来都市巨构化和高层化为背景，旧区改造为主线，结合里弄改造的典型案例，探讨历史空间的再生问题，分析旧改中商业价值与历史价值的矛盾与化解途径，并对上海建筑演进中的都市历史语境进行了讨论。研究将上海目前的里弄再生模式分为四种，分别为新天地模式、田子坊模式、建业里模式和文保模式，扼要解析了各种模式的特征，指明了里弄再生的难点和乱象。

3. 研究意义

外部围护结构环境性能的使用运行在一定时间和空间广度内，相对于形式、空间和功能等传统考量要素，具有持续性、稳定性和限制性的特征和现实性的要求，所以环境性能的推敲、改善和确立在再生的各个因素中起到先决和支配作用。而对于性能调适在里弄再生中的探索，现有研究并未涉猎。因此课题斗胆试水，希望在目前上海旧里弄再生速度趋缓的形势下，"思前想后"，从多目标的性能要素共生、共优角度找到里弄再生的突破口，总结出再生模式的框架机制。

项目的研究意义有三大方面：

1）明确里弄建筑的现有问题和亟须在环境性能方面加以改善的重要意义：

①作为城市景观破旧损毁的问题

②防灾问题

③环境、能耗问题

④老龄化问题

2）整理和开发最小程度的建筑表皮改造而提高既有里弄建筑环境性能的方法。

3）提出推广少经济投入、大环境回报的既有建筑改造方案。

第二章

基于多目标计算方法的既有建筑改造相关技术

1. 国外既有建筑的外部性能改造实例分析

日本是个多地震的国家，1980 年后制定了新的抗震设计规范，在这之前建成的建筑很多无法满足新的抗震要求。为此，如果能单通过对建筑表皮进行改造和加强从而满足要求的话，将是有效、经济和快捷的方式。下图是日本某小学既有建筑表皮改造的案例示意。

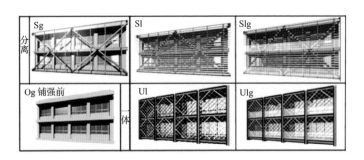

　　现有建筑表皮外面的构架，既有结构上的加强和抗震作用，又营造了新的建筑外观，从环境角度，在有效遮挡过度日照的同时，反射入更多天空光以增强自然光的使用。

2. 建筑物复合生态表皮性能的评估分析

　　关于建筑的综合性能评价，一直是一个热门课题。复合生态表皮的综合性能是个非常复杂、涵盖面很广的课题。一般可以列举的复合生态表皮的性能如下页图。

　　建筑表皮有视觉、结构、物理学、材料、产品、可持续、适应性（Flexibility）和成本等多个需要考虑的因素。

　　在诸多性能要求中，除了要满足这些基本要求，更要满足舒适性和节能性的要求。对于各个性能是否满足要求就需要进行性能评价。对于建筑舒适性，节能的方面通常采用电脑模拟程序计算进行评价。建筑舒适性是一个涉及范围很广的课题。在此仅针对热工舒适性、自然光环境舒适性进行论述。国外20世纪70年代，

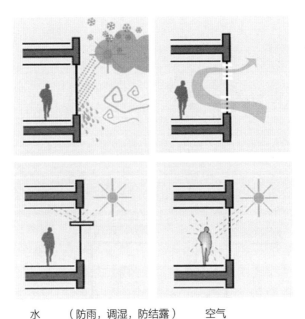

水　　（防雨，调湿，防结露）　　空气

光　　（日照，人工照明）　　　　视线

热　　（日射，空气温度）　　　　防火

安全　（防盗，防坠落）　　　　　防爆

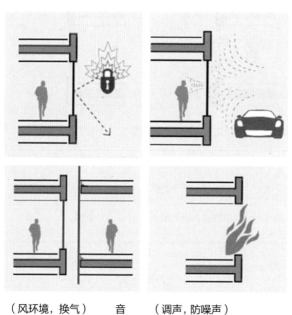

（风环境，换气）　　音　（调声，防噪声）

（内外景观，公共私人环境）

（烟，热，火焰）　　污染　（废气，微尘）

（内外爆破）

Fanger 教授提出了热工舒适评价指标 PMV、PPD 和计算
软件，可对建筑设计的温度等热工环境事先进行评价。
目前国内外计算空调负荷和热工舒适性的软件工具更是
多种多样。其中较精确且广泛运用的有英国开发的 IES
等。近年对于风环境等的流体解析也有了更多的研究和
发展，CFD 成为流体热工分析的主要工具。有 CFD 功
能的软件有 StarCD、Steam 和不少商业化的简单软件。
无论在学术科研还是工程实践中，Radiance 都成了分析
自然光环境的重要手段。由于 Radiance 实际操作上的复
杂性，很多待用的简化商业软件也相应诞生。然而，重
要的是对于自然光环境舒适性的评价，至今在世界上没
有统一、公认的指标。对于节能方面，通常对整体建筑
的能耗进行解析评价。最具代表性和广泛应用的软件当
属美国能源局开发的 DOE2、EnergyPlus。

虽然 IES、Ecotect、Design Builder 等软件都着眼于综合评价建筑的热工、光和能源的性能，然而建筑的整体舒适性和能耗是个因果关系非常复杂、不能一言而定的问题。建筑表皮的物理性能和建筑机电设备等性能的表现，应该分开考虑和定量。纵观当前世界建筑业的标准制定，也可以发现在规定了建筑整体能耗的同时，对建筑表皮的性能评价方式也受关注。

然而，至今还没有专门针对建筑表皮综合性能的评价方式，许多大学已经开始了这方面的研究和尝试。比如，美国麻省理工学院（MIT）开发了名为 Design Advisor 的网上软件，可以简单快捷地比较 4 种表皮的热工、光和能耗性能。LBNL 的研究成果总结为一个叫 COMFEN 的软件，同样可以进行表皮的热工、光和能耗性能的比较。下图为上述两个软件的操作界面。

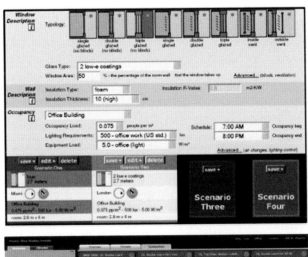

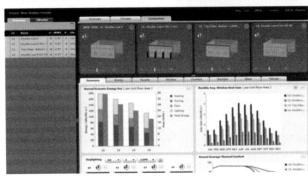

但是，这些工具在中国建筑的学术、实践中存在以下问题：

1）可以直接使用的气象数据均以美国为主，缺少能够直接采用的中国或亚洲气象数据。

2）评价热工、光舒适性的指标已不适合新的研究趋势。比如 PMV 使用于空调空间，但是对于中庭等自然通风的空间并不适用。照度也无法评价对环境亮度的感觉。

3）无法实现与建筑形态的数据并联，将性能的优化结果反映到建筑形态上。

4）无法给出综合性能的最优化解。

因此尚无一套适合中国国情、应对建筑复合生态表皮的综合性能评价体系。

3. 多目标性能算法的探讨

　　近年来，数字化技术的发展使很多形态复杂的建筑设计方案得以建成。在此过程中，多数项目采用优化算法进行设计。最优化设计方案是研究和实践工作中一直需要解决的课题，下图为部分采用了优化算法建成的建筑项目。通过这些优化算法，可以从建筑结构的角度提出最经济合理的设计方案，也可以从环境性能方面找到最合理有效的建筑形态。❶

　　然而，目前的优化算法多为单目的，如 Generic 算法等。即只设定一个需要优化的元素，然后采用遗传算法找到最优化的答案。而科学合理的建筑形态应当是结构性能、施工性能和环境性能的综合结果，因此是各专业、各条件相互影响牵制的复杂课题，需要多目标环境

❶ Ralph Evins,Philip Pointer, Ravi Vaidyanathan et al. A case study exploring regulated energy use in domestic buildings using design-of-experiments and muti-objective optimization[J]. Building and environment,2012,54(Aug.):126-1 36.

MADRID CIVIL COURTS OF JUSTICE

台北歌剧院

北京水立方

性能的算法加以推导和破解。即权重多个目标并加以优化，进而推导出一个综合的最优方案。其本质核心是多个目标之间的比例权衡、折中和平衡。其中，经常被提及的方法有以下 2 个：

1）数理企划法。如线形设计法、非线形设计法、对单目标进行优化设计法等。

2）Heuristic 法。如单目标、多目标算法、多目的 GA (MOGA: Multi-Objective Genetic Algorithm) 和多目的 SA(MOSA: Multi-Objective simulated Annealing) 等。

研究概念图如下。

目前已有一些新的软件可以用来进行多目标性能算法。如 modeFRONTIER、Optimus、iSIGHT、matlab，等等。然而，在采用多目标性能算法进行综合优化之前，对每个单一目标的定量评价和各个单一目标之间折中条件的

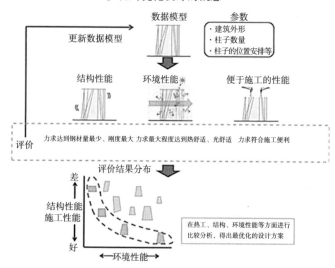

多目的优化设计的概念

设定并非一个简单、孤立和自动的过程。研究旨在提供一套设计机制，以适用于各个不同实际项目，针对各实际项目的需求和优先次序确定多目标的定性定量。以环境性能亟待优化的上海里弄建筑为例，通过多目标性能算法实现低成本、合理化的表皮改造，落实最优化的设计方案。

4. 应用前景

研究着眼于里弄建筑表皮系统，将从实际生活和学术研究中对里弄环境性能优化的要求和问题进行分析整理，提出有现实意义的基于环境性能评价的多目标计算工作内容，整理出环境性能优化评价体系的方案。旨在抛砖引玉，达到科学性和可行性的有机兼容，并尝试运

❶ Renaud Vanlande, Christophe Nicolle, Christophe Cruz et al.IFC and building life-cycle management[J].Automation in Construction，2008，18（1）: 70-78.

用于实际设计工程中，以便提高建筑的全生命周期并确保被改造建筑的环境性能，❶ 以求达到二位一体、建筑美观和环境性能共存的理想状态，并通过跨专业的国际合作为今后既有建筑数字化改造奠定基石。

　　研究将采用多目标性能算法提出实际可行的设计过程，分析整理出里弄建筑各项热工、光舒适性的评价指标，结合里弄所在上海地区的气象特征、环境特征和能耗特征，在设计阶段将综合性能的分析结果反馈到建筑形态的改造层面，从而生成形态、性能和能耗最优化的表皮改造设计方案，并可作为历史建筑数字化改造设计的前沿探索，实现居住质量优化更新的理想，为数字化施工、建筑管理作好铺垫。

第三章
建筑环境性能和模拟

展望未来，理想的建筑将不再是单纯从形体视觉上出发、确保环境性能的设计过程，而是从环境性能要求发展出具备生态表皮兼具视觉美观的数字化建筑。这种设计理念和应用尝试早在 20 世纪末的建筑作品中就已有体现。比如下图的美术馆项目，天棚的曲形遮阳板形状是大量光环境解析的优化结果。这样的曲形遮阳板不但使美术馆得以避免阳光直射而采用自然光，也达到了视觉上美观、建筑空间形态别具一格的综合效果。

建筑的综合性能评价，历来是一个热门的研究课题。评价的基本过程是：制订评价指标→收集必要的信息→信息处理与分析→形成判断→制定决策。

由于环境、资源与社会经济这一系列问题的复杂性和关联性，它的评价指标也必然具有复杂的层次结构，应当是一个完整的指标体系。在建筑范畴中，环境就是

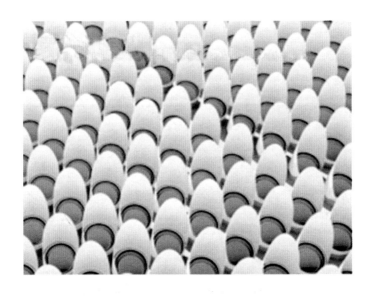

指人们在使用建筑时，对于建筑物内部或外部所产生的
生理、心理和社会意识的总和，因此进行评价的首要任
务就是根据评价的需要建立适当的因素和指标。建筑环
境的综合性能涵盖面很广，就建筑围护结构的环境性能

而言，有视觉、结构、物理学、材料、产品、可持续、可行性和经济成本等多个需要考量的方面，具体有外墙、建材、既有建筑特点、可持续发展需求等子项，如下图所示。

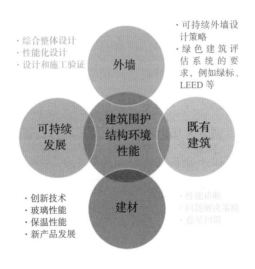

在上述诸多性能中，针对既有建筑的基本特性和环境诉求，需要着重满足舒适性和节能性的要求。对于各个性能是否满足要求则需要进行性能评价，建筑的舒适性、节能性通常采用电脑模拟程序计算进行评价。

研究着眼于建筑环境性能的热工舒适性、自然光的亮度舒适性和能耗性能。

■　热工：温度、辐射温度、湿度、气流四大环境因素决定了热工舒适性。

如上所述，传统办公大楼都是封闭的空调空间，PMV 和 PPD 这些热工舒适性指标可以很好地评价其性能，然而随着节能需求和通风生态建筑的发展，PMV 和 PPD 这些热工舒适性指标也难免出现时滞和误差。

故研究建议采用 SET*，这个指标不但适用于空调空间，也完全适用于自然通风的空间，这一点已经得到

许多实验室以及实测研究的论证。本研究将结合 CFD
软件，在流体解析的软件中建构 SET* 舒适性模型。

	着衣量	代谢量	空气温度	放射温度	气流速度	湿度
ET			○		○	○
ET*	○	○	○	○	○	50%
SET*	0.6clo	1met	○	=空气温度	0.1m/s	50%
OT			○	○	○	

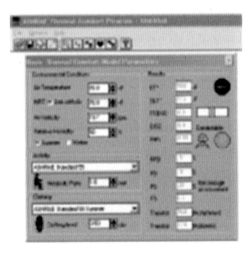

■ 自然光：最大程度将自然光引到室内，同时避免太阳直射，体现亮度舒适性的评价。

建筑设计对自然光的运用起到了很大作用。作为人居环境具体实践的居住建筑，特别是既有居住建筑的天然光环境设计，不应仅仅局限于空间形式的塑造，更应当致力于为居住于既有建筑中的人们塑造更加轻松完美的居住生活。居住建筑天然光环境的设计，只有包含了相应的视觉心理与节能、经济等多个目标，且能在这种多目标的条件下建立系统整体的设计思路，才能在建筑设计阶段有效地实现各目标对建筑形式生成的有效控制，才能拥有更强大的生命力，成为促进既有建筑再生与发展的推动力。

在居住建筑的自然光环境设计中，面对不同的室外环境特点和室内空间功能，首先应该立足于居住建筑自然光环境的多目标性，即充分认识到居住建筑自然光环境丰富多样的内容，以及这些内容落实到建筑环境设计中的内在结构关系。这种将自然光定位为重要环境性能的认识对于任何居住建筑空间，尤其是既有居住建筑空间来说都是适用的。在此基础上展开对不同目标功能性要求的分析，也就是从设计之初，就应该建立"多目标系统与多目标控制"的设计思路，突破专业和学科的界限，从更大的环境性能范围整体性地思考既有居住建筑的改造设计内容。明确这一思路，有助于系统化设计过程，突破传统的专业和学科界限，使得设计过程更加立体，设计结果更加精确。

为了使抽象的概念层级与具象的设计目的相联系，本研究对一般情况下，城市居住建筑自然光环境的设计内容和任务进行了总结，主要包括以下几点：

1）要满足现有规范中对于天然光环境各因素的基本要求，主要有卧室、起居室（厅）等居住房间以及厨房，均应直接采光，以满足居住者生理、心理和卫生方面的需要；要有良好的采光窗朝向，最好为南朝向，东南或西南朝向次之，东、西朝向再次，最次为东北或西北朝向以及北朝向，目的在于获得足够的天然光；要满足《建筑采光设计标准》GB/T 50033-2001 对窗地面积比和采光系数最低值的要求；对有日照要求的房间，要满足《城市居住区规划设计规范》GB 50180-93（2002年版）的要求；窗户和建筑形式的设计要满足《夏热冬冷地区居住建筑节能设计标准》JGJ 26—2010 对建筑体形系数、围护结构传热系数、窗墙面积比、建筑耗热量指标的要求。

2）窗户面积的设置满足采光能效值的要求。

3）窗户形状、位置的设计满足采光和视觉舒适度的要求。

4）兼顾室内的景观和视野感受。

完成了上述"基于多目标的居住建筑自然光环境优化设计"方法实践应用的第一步，就明确了既有居住建筑环境性能改造设计的总体目标和思路，明确、细化了设计任务，为具体项目的设计内容提供了理论支撑和实践起点。

在明确思路和设计任务之后，需要将这一思路与具体的居住建筑空间相联系，以形成具体化的设计任务，按照"整合目标"的实践步骤，首先需要确定每项设计任务所需要的数据或资源信息，以及达到这些信息的具体设计手法。比如，朝向是自然光环境设计的主要内容之一，首先应该确定既有居住建筑户型的改造方向，明

确和修正不同功能空间的朝向。但是居住建筑的朝向会
受到不同因素的制约，在对居民的问卷调查中，普遍认
为的住宅最佳朝向中南向占 73%，东南向占 18%，东向
占 9%，居住者可以接受的朝向中南向、东南向、西南
向占的比例最大分别占到 28%、24% 和 27%，其次为东
向占到 12%，北向、东北向和西向占的比例最小均为 3%。

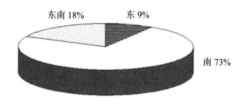

居住者认为的最佳朝向比例分布图

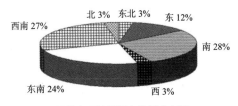

居住者可接受朝向比例分布图

　　而针对与朝向有关的居室布置的问题，当仅有 2 个房间可以占据一户中的最佳朝向时，59% 选择了起居室与卧室，而选择双卧占据最佳朝向所占的比例为 11%，15% 选择了卧室与书房，11% 选择了起居室和书房，可见大部分居住者希望起居室能占据最好的朝向位置。

　　居民在回答调查问卷的问题时按照问卷填写内容倾向于从采光和日照的角度选择最佳朝向，由下图可以看出，窗外景观的重要性程度仅次于直射阳光和空间照度分布，而在实际的项目设计中，环境景观也是决定居室朝向的重要因素，此时需要综合采光和景观视野的要求，协调两者矛盾，根据项目实际特点确定居室朝向。这其中，居住者对于采光、日照和景观的要求即是该项设计任务的资源信息，而"整合目标"的步骤提供了完成这一设计任务的手段。

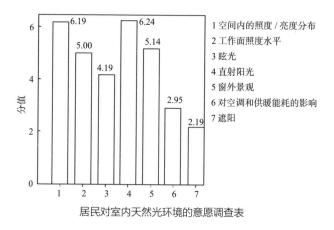

居民对室内天然光环境的意愿调查表

1 空间内的照度/亮度分布
2 工作面照度水平
3 眩光
4 直射阳光
5 窗外景观
6 对空调和供暖能耗的影响
7 遮阳

　　在确定了居室朝向后，需要决定居室窗户的面积和形式，这里针对建立的天然光环境多目标优化设计模型以及对模型的求解也是一种"整合目标"的过程，其过程可由下图表示。

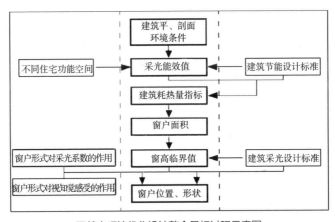

天然光环境优化设计整合目标过程示意图

首先，窗户面积是影响建筑耗热量指标和室内自然采光质量的最直观的形式特征，也是影响居住者视知觉感受的直接的空间表象。在自然光环境优化设计中首先要确定建筑的耗热量指标，进而根据耗热量指标确定计算房间的窗户面积。《建筑采光设计标准》GB/T 50033-2001 和《夏热冬冷地区居住建筑节能设计标准》JGJ 26-2010 中都对窗户面积提出了相应的要求和规定。《建筑采光设计标准》GB/T 50033—2001 要求在建筑方案设计时，对于类光气候区的普通玻璃单层铝窗采光，起居室、卧室、书房、厨房的窗地面积比可按 1 /7 进行估算，卫生间、过厅、楼梯间、餐厅的窗地面积比可按 1 /12 进行估算。

其次，窗户的形状和位置是影响自然光在室内空间分布和视知觉感受的功能性特征，优化设计的重要内容即是根据室内空间的具体使用情况和使用者的个体特征确定窗户的形状和位置，窗户形式对于室内空间天然光的分布和视知觉感受并不是直观可知，且并不存在最佳的窗户形式。通过研究表明窗户的上沿高度与室内采光系数的相关度最高，因此可以通过窗高临界点结合视知觉感受和采光能效的研究结果的思路确定合适的窗户形式和位置。

由上述示意图可以看出，这一过程综合考虑了光气候条件、不同功能空间的采光能效值、窗户型式对采光系数的影响作用、窗户型式对视知觉感受的影响各方面的设计参考信息，形成了"窗户面积—窗户高度—窗户位置、形式"的设计过程，并在这一设计过程中有效整合了各种参考信息的设计要求，突出窗户作为天然光环境设计的主体地位，强调采光与建筑耗热和主观舒适度等设计目标间的相互影响作用，和对窗户型式、位置设计的影响作用。

由此可见，在"多目标控制"的设计思路下，需要随时整合不同目标的设计要求，并根据项目实际特点作出相应的选择，使对目标的追求落实于实际的设计中。

在完成了前两步设计之后，基本的自然光设计部分内容已经完成，这时需要从整体的角度针对各项目标和任务进行计算和检验，适时地作出设计调整，对于通过既有居住建筑形式改造设计无法达到或在某些项目中无法协调的目标，可以选择适当的采光技术和先进的窗体和墙体材料进行补充，完成相应的环境性能设计目标和任务。

在自然光的亮度舒适性评价体系这一议题上，迄今为止通常采用照度作为评价指标。然而，在课题研究和实际设计中，照度并不能完全评价对亮度的舒适性感受。对亮度的舒适性感受是一个非常复杂的问题，因为影响亮度舒适性感受的因素有使用者人种、体质、视线角度和环境条件等，至今还没有国际统一的评价亮度舒适性感受的指标（参见下表）。本研究将比较各个具代表性的评价指标，从而确定合理科学的评价指标。分析工具采用国际通用的解析软件 Radiance，进行光环境的定量分析。

环境评价体系	项目	评价基准
LEED（欧美）	自然光和视野感受（得分名：EQc8）	确保设计满足办公室 75% 到 95% 的办公面积利用自然光（单自然光达到 250l 以上）

续表

环境评价体系	项目	评价基准
CASBEE（日本）	光视环境（日光率、日光控制）	确保设计满足办公室的自然采光达到 Daylight Factor>2%，并采用自动调控遮阳装置
3Star（中国）	室内环境、必需项目：建筑采光设计基准 GB T50033	确保设计满足办公室 75%的办公面积利用自然光

■ 能耗性能：分析全年能耗和瞬间最大能耗

研究采用 eQuest 或 EnergyPlus 等世界公认的能耗计算软件，对建筑改造方案的全年能耗和瞬间最大能耗作出预测，并与 ASHRAE-90.1 等的 Baseline 进行比较，确定能耗性能。国内清华大学等科研院校也各自开发了能耗计算的模拟软件。然而，具体是用一次能耗、二次能耗、碳排放量、能源费用还是标煤等作为能耗的计量标准至今并没有世界统一的规范。

第四章

多目标计算方法的设定和运用

1. 多目标最优化方式算法的定义

目前的最优化方式的算法多为单目的，有 Generic 算法等。建筑形态、性能和施工性等，是一个复杂的、各专业各条件相互影响、牵制的课题，需要一个多目的的最优化方式算法。换而言之，需要权衡各个单目标因素。在研究的第一步完成对项目定性评价因素的整理，第二步确认对各单个因素的评价指标后，第三步就是权重各个单目标因素，采用多目标最优化方式算法求出解答。权重各个单目标因素并不是一个简单的过程。针对不同的项目要求，都会有不同的权重，也可以根据不同权重比例产生出来的最终形态进行选择。

评价因素（Parameter/Factor）	权重比例 既有建筑改造	权重比例 新建筑
热工性能	25%	20%
亮度感觉	25%	20%
能耗性能	30%	50%
施工性能	20%	10%

2. 多目标计算方法的运用

多目标最优化方案的计算结果将是一个几何信息。通过现代的电脑数字技术和工具软件如 Grasshopper 等，这些几何信息可以重建修正三维数据模型。下图为一个具体的项目实例。通过对建筑遮阳性能的分析比较，得出了外墙玻璃的纹样方案，然后采用相应的纹样构建成三维的建筑模型。

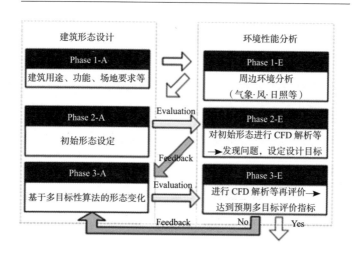

在对既有居住建筑进行环境性能优化的过程中，很多设计和决策问题都是多目标的，而且各个目标之间往往很可能是相互竞争的关系，即无法使各个目标同时达到最优。例如，如果单纯为了增加房间的采光而只扩大"窗户玻璃面积"这一参数，必然会带来墙体保温性能

的下降；如果同时也要保证保温性能的话，那必然又要影响"玻璃材料的保温系数"这一参数的提高。对于环境性能的多目标优化而言，与单目标优化问题的本质不同在于，多目标环境优化问题的最优解不是一个单一的全局最优解，而是各个评价指标相对优化的解集。同样，根据项目要求和优先级别的设定，这个相对优化的解集也会有不同的结果。本研究仅限于考虑项目的通风、采光和热工性能的综合，具体研究过程和方法如图所示。

通常情况下对建筑环境性能的评价是一个综合和考虑权重的过程。受到技术和实践要求的双重影响，研究主要集中于对"自然采光"、"自然通风"和"热工性能"三方面的环境目标进行评价。评价方法的建立会围绕指标类项、指标权重两方面进行。下图示意了指标类项在保证全面的同时，需要控制数量，因为指标越多，模拟

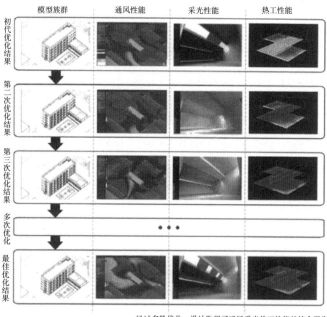

模型族群　　通风性能　　采光性能　　热工性能

初代优化结果

第二次优化结果

第三次优化结果

多次优化

最佳优化结果

经过多轮优化，设计取得了通风采光热工性能的综合平衡

和评价的难度就越大，而会减弱实际优化的可实施性。同时，所选指标应当是所属行业普遍认同的指标，从而增强评估体系的可信度。指标权重的判定一直是评价的一个难点，本研究尝试将 Delphi 法（专家咨询法）与层次分析法相结合，提供开放的权重系数接口，从而使得评价方法可应对不同外部环境条件和建筑性能的要求，获得更高的评价敏感性。如下图所示，根据不同气候条件和不同功能要求，环境性能优化的权重也是不同的。

本研究通过多目标遗传算法来实现这一优化，通过优化对象的多次优化、筛选，逐步实现最佳优化结果的呈现。多目标优化遗传算法是生命科学与工程科学互相交叉、互相渗透的产物，是一种求解问题的高度并行性全局搜索算法。近年来，多目标优化遗传算法已成为信息科学、计算机科学、运筹学和应用数学等诸多学科共

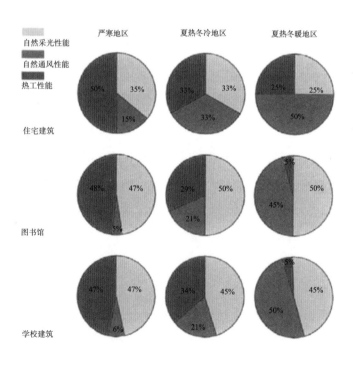

同关注的热点研究领域。就如同生命进化过程中自然环
境对物种的选择一样，多目标环境性能评估结果也会对
既有里弄建筑的设计元素加以选择，以确保建筑环境性
能不断朝着优化的方向推进。

第五章

上海里弄建筑的环境性能优化

1. 上海里弄的课题

根据 McKinsey 发表的 "Preparing for China's Urban Billion"（March 2009）中对城市大小的定义，城市人口超过 2500 万人的为超级城市。目前上海已经成为超级城市，城市用水、能耗和碳排放都已成为上海可持续成长的智慧城市的重要课题。相对新建住宅和建筑而言，上海里弄的居住环境改善问题中存在的课题更多，难度更大。本研究明确指出里弄建筑的现有问题和亟须在环境性能方面加以改善的重要意义有：1）作为城市景观破旧损毁的问题；2）防灾问题；3）环境、能耗问题；4）老龄化问题等。仅关注环境、能耗问题又可以具体到以下课题：

1）居住空间的功能

2）围护结构的热工性能

3）开口部通风、采光和遮阳

4）视线和噪声干扰等

上海里弄建筑包含花园式里弄、新式里弄和石库门等不同类型的里弄建筑。这些建筑以砖石结构为主，保存状况相对较好，大多还处于使用状态。随着国家经济和社会文化的不断发展，虽然在使用功能上这些老建筑都显露出一定的局限性，然而，通过有效的保护更新，优化改善环境性能，这些老建筑再利用的价值很大。在注重可持续发展的大环境下，探索既经济合理，又能切实改善建筑使用舒适度，并能延续城市文脉的里弄建筑环境性能方法，使之重获新生并更好地融入现代生活，是我们如今需要直面和解决的课题。

❶ 赵为民等（上海市房地产科学研究院）. 绿色建筑 . 2013 年增刊

2. 上海里弄建筑现状调研

"上海市优秀历史建筑节能改造推进方法的思考"❶
中的数据显示，上海里弄建筑的外墙材料一般为实心黏
土砖，其饰面材料分为清水砖墙、拉毛、水刷石、卵石
子和涂料等。建筑承重墙体的厚度主要为一砖、一砖半
或二砖以上，相应的传热系数值一般在 1.33 至 2.22 W/
（ $m^2 \cdot K$ ）之间。其传热系数和现行节能设计规范存在较
大差距。外窗是建筑外围护结构的开口部位，和砖墙一
样直接影响到建筑的热工性能。统计结果表明，大部分
里弄建筑外窗为单层玻璃木窗或单层玻璃钢窗，占统计
建筑的 94%。木窗由于木材的干缩和老化，气密性变差，
热工性能显著降低；钢窗的采光和气密性比木窗略有提

高，但其保温隔热较差，易成为冷桥，是冬天围护结构保温隔热最薄弱的环节。对于屋面，里弄建筑主要为坡屋面，少量为坡屋面和平屋面组合屋面。其中，坡屋面多由木屋架、木檩条、木椽条或木网架组成，上铺油毛毡、平瓦。这一类屋面构造由于缺乏合理的屋面保温材料，需采用吊顶形成封闭的阁楼来达到保温隔热的目的。总之，里弄建筑的围护结构热工性能较差，需要改善。

里弄建筑普遍开窗面积较大，自然采光条件较好。然而，部分里弄建筑的建筑平面进深较大，考虑有在居住过程中对平面进行改造等情况，现状自然采光的条件和状态因项目而异。随着全球气候变暖，飞速加快的城市化而引起的热岛效应，使用者密度的增加和对里弄建筑进行不合理分隔和扩建，导致室内的风环境和光环境劣化，过渡季的通风性能和遮阳性能变得尤为重要。此外，大部分里弄建筑的空调系统为非集中式分体空调，照明系统为普通灯具，没采用生活热水供应系统。这些设备老化严重，运行效率低下。然而，节能设备在历史建筑中的应用很少，用能设备的节能潜力较大。目前，相关里弄建筑的节能标准规范缺失，还没有针对里弄建筑的节能改造设计、检验和验收评估标准，导致里弄建筑节能设计、检测和验收无据可依，节能工作有待深化。

上海由于特殊的地理位置和历史经历，注定了里弄建筑有着很多历史人文价值。上海里弄建筑见证了上海工业、金融、文化等各方面的发展和演变，了解里弄建筑的生存经历，可以追寻上海的发展轨迹。

随着城市建设步伐的加快，历史人文的开发利用价值正越来越明显地呈现出来。从政府、市场到使用者，大家普遍认识到，只有珍惜、挖掘历史和文化的积淀，才能使建筑富有个性、城市风貌富有特色。

　　本研究旨在抛砖引玉，从综合评价里弄建筑的环境性能着手，结合建筑技术的发展和成熟，对里弄建筑提出实际可行的性能改造方案，使得里弄建筑在提供舒适的居住环境的同时发扬深厚的历史文化内涵，又具有鲜明的时代特征，真正实现可持续发展。

第六章

上海里弄建筑的环境性能优化具体方案

1. 上海里弄建筑环境性能优化改造实施的瓶颈

上海里弄建筑环境性能改造的推进还比较缓慢，存在的瓶颈主要包括以下三个方面。

1）对环境性能优化理念的认识不足

所有先进的理念和技术都需要依赖人去实施。虽然近年来上海从政府到各级管理部门，乃至商业市场都对建筑环境性能非常关注，也加大了落实各项优化措施，取得了可喜的效果，但是在基层的工作中，环境性能优化的理念还没有深入人心，没有成为每个基层运管人员和实际使用者的最基本的行为准则。需要加大对环境性能优化理念的宣传和落实，培养节能环保的运营和生活习惯，建立里弄建筑节能改造的紧迫感，达成社会共识。

2）对环境性能优化的政策法规支持不足

先进的技术措施在实施初期由于规模较小，往往成本较大，如没有政策法规的有力支持，必将举步维艰。当前，国家各级政府已经积极推进并出台了各项促进建筑环境性能的政策，然而对于里弄建筑改造的政策扶持、税收减免力度和改造财政支持尚需进一步推进。这样才能更有效地提升上海里弄建筑改造项目的环境性能。

3）对环境性能优化的研究不足

我国目前的环境性能优化技术研究还比较年轻，引进部分国外的先进技术和研究成果可有效减少从研究到实践的周期，但是基于气候、经济和文化等多方面的差异，应避免不切实际地照搬国外技术和研究结果，而应在考虑我国国情和技术特点的基础上，引进、消化和吸收后再使用。要加大历史既有建筑环境性能优化综合改造的研究投入，拓宽研究领域和思路，保证里弄历史建筑环境性能优化改造的长期健康发展。

在上海里弄建筑保护和改造利用过程中，应认真考虑其环境性能及能耗问题，通过节能综合改造，切实降低能耗，提升其环境性能和居住舒适度。在里弄建筑改造方案实施前，应对其环境性能效果进行模拟分析和综合评估，通过多目标优化方案，提高里弄建筑的综合环境性能，营造"以人为本"的人居环境。下面将具体论述近期、中期和远期环境性能提升的具体方案。上海里

弄建筑的环境性能综合改造的有效措施，将是上海建设
"资源节约型、环境友好型"城市的有益实践，也将为
上海和全国既有建筑的环境性能改造提供参考。

2. 近期性能提升

　　近期性能提升主要是针对一些实际使用中的居住建
筑，近期仍将保持居住功能，暂时无法进行大规模性能
提升、建筑改造。这类建筑在延续其建筑风貌的同时，
重点考虑提高使用舒适度的一些建筑技术。同时这类改
造力求相对内容简单，投资不多，施工简单。具体内容
包括建筑修缮（包括屋面和墙面），增加遮阳设施和更
换节能门窗。

　　根据历史建筑的不同保护要求，其外墙、门窗和屋

❶ 左琰. 德国柏林工业建筑遗产的保护与再生. 南京: 东南大学出版社, 2007.

盖均可进行适当的节能改造，具体措施包括提高围护体系热工性能、增加门窗气密性、增加外窗遮阳系统等，其中门窗气密性和围护体系热工性能提升的节能潜力最大。在确保外立面保护要求的基础上，结合外墙老化损伤维护，进行外墙保温改造。在保证屋盖保护要求的基础上，结合屋盖维修，在屋面内侧增设保温层。在围护结构节能改造过程中，要保证保温材料具有良好的耐候性。外窗节能改造主要包括 4 种方法 ❶: 1) 利用原有窗扇框，将原单层普通玻璃更换为双层隔热玻璃，这一方法操作简单快捷; 2) 在原有窗扇上增设隔热玻璃并用细木条封边，主要适用于木质窗框的低造价改造上; 3) 在外窗内侧增设第 N 道窗，装设隔热玻璃，第 N 道窗的材料根据内部环境的具体要求可选择木材、铝材和铝塑等; 4) 更换新的复式结构窗，复式结构窗将 N 道窗扇结合起来，其外侧窗扇只装单层玻璃，可用细木条固定，注重与建筑风格和历史外貌相协调，内侧为隔热玻璃，注重节能效果。

1）屋面和墙面的保温性能

提高屋面和墙面的保温性能是可以与屋面修缮、外墙修缮匹配的节能措施。其中具体的屋面的节能措施有下面三项。

（1）屋面增设保温层

对于平屋面的里弄建筑，当建筑防水层因渗漏而需要修缮，或屋面板需要更换时，可考虑增设保温层。若平屋面修缮时需要重新铺设防水层，可在防水层下方铺设保温层。若防水层仅需简单修复，可在防水层上直接铺设保温材料，做倒置式屋面。

对于坡屋面的里弄建筑，若顶层阁楼需要翻修或清理，可在顶棚平面上桁条上铺设保温材料。在坡屋顶屋架维修时，可将保温层铺设在椽子之间或之上。

下图为墙面增加保温层的具体做法。

（2）屋面增设太阳能集热器及太阳能光伏组件

里弄建筑也可考虑采用太阳能热水和太阳能光伏技术，可结合屋面防水层翻修、屋面板更换等屋面修缮措施安装太阳能集热装置或太阳能光伏组件。

但在方案设计时，需要考虑里弄建筑的状态和历史保护要求。不宜在坡顶的优秀历史建筑上铺设太阳能集热装置或太阳能光伏组件，这样容易影响建筑整体美观。对于非历史保护建筑的坡顶里弄建筑可以按实际情况分析设置太阳能系统的利弊。对于平屋面的里弄建筑，且保护要求允许外立面进行适当改变的话，可考虑采用太阳能热水或太阳能光伏技术。

下图为屋顶上设置太阳能光伏板的具体案例。

（3）屋顶通风

里弄建筑进行屋架维修时，可以顺便清理屋顶阁楼，保证空气的自然流通，利用间层中空气的流动带走热量，降低屋顶表面温度。如建筑的老虎窗或天窗被弃用或损坏，应按原风格进行修缮，恢复其使用功能，充分利用里弄建筑的原构件进行自然通风和自然采光。

　　下图为屋顶天窗的实际产品，可以通过对屋顶的部
分改造，保证自然通风并增加自然采光。

　　里弄建筑外墙裂缝修补、渗水补漏、粉刷层修补在
一定程度上都能提高外墙的保温性能，避免热工缺陷，
对于里弄建筑的节能改造具有积极作用。因此，外墙的
修缮措施本身就是有效的墙体节能措施。

相对优秀历史建筑的保护都要求不允许建筑里面改变，为此通常不推荐增设外墙外保温系统。对于一般里弄建筑的改造也不排除外墙外保温改造的可能性。增加内保温的做法，会较大地影响建筑室内实际使用面积，需根据具体案例具体分析其可行性。

在实际提高屋面、外墙保温性能的工作中，如何具体落实施工计划，采用经济合理的改造方案事关重要。根据一些研究数据❶，增加 50 厚的 EPS 保温层，全年总能耗可以降低 75%，而使用 100 厚的 EPS 保温层，全年总能耗可以降低 84%，效果更加明显。增加 50 厚以上的 EPS 保温层之后，整个节能效果远远大于 2008 年颁布《民用建筑节能条例》新建建筑节能 50% 的要求。

①遮阳设施

在提升上海里弄建筑环境性能的设计过程中，遮阳

---

❶　吴锦绣等．建筑学报，2013.

设施设计的关键是与原有建筑立面的风格、形式、尺度和材质相协调，并符合上海夏热冬冷的气候特点。特别是夏天和冬天太阳高度角差别大。科学设计和量化计算相结合，可以保证在夏天阻止过多的太阳直射光进入建筑，而冬天不影响采光。具体的遮阳措施如下。

a. 玻璃贴膜

玻璃贴膜是用于贴在平板玻璃表面的一种多层的聚酯薄膜，它基本不改变建筑外观，因此对于外窗是重点保护部位的优秀历史建筑，可首先选用玻璃贴膜提高外窗遮阳性能。但是这类玻璃贴膜的问题是，通常耐候性较差，容易随时间老化、变色、剥落等，需要定期维护。

b. 恢复木百页

一些优秀历史建筑外窗本身设有木百页，在修缮时可对木百页进行修复，恢复其遮阳功能。实际项目中，恢复木百页的工作对房屋维修队人员的技术要求较高，如果考虑整体加装工厂现成的木百页的话，可能费用较高。由于上海潮湿多雨，木百页的使用寿命相对较短，对维护的要求较高。木百页需要进行防水防腐处理，漆面选用清水漆等，与原有建筑的材质相协调。然而，作为体现上海文化、传承上海历史风貌，历史建筑上的木百页无疑是一道最亮丽的风景线。

c. 增设内遮阳

由于优秀历史建筑的保护要求一般不允许建筑里面改变，因此不宜设置外遮阳。对于建筑内部允许改动的优秀历史建筑，可在外窗内侧增设布帘或挡板等内遮阳措施，以达到遮阳效果。一般使用者也会按自己的生活习惯、审美爱好等选择各类内遮阳方式。

②更换节能门窗

在建筑定期维护或门窗修缮时，可以考虑的门窗节能措施具体有更换外窗和贴密封条两种方式。

a.更换外窗

优秀历史建筑或里弄建筑修缮时，常需要按历史原样对外窗进行修复。可借此机会提高外窗保温性能。由于外窗损坏程度不同，可考虑具体采用以下三种更换方式。

A）更换窗扇：利用原有窗框，将原单层普通玻璃更换为双层中空玻璃或 Low-e 玻璃等节能玻璃。适用于外窗损坏不严重，只需进行修复，外窗经考证具有保护价值。

可能出现的问题有：需要窗框有一定宽度，可以安装下双层中空玻璃。此外，保留窗框只更换玻璃的做法，

现场耗时较多，对工作的精度和技术要求也较高，最后可能出现这部分的中空玻璃尺寸都比较特殊，需要定制，从而进一步增加材料费用。总之，更换窗扇可能是投资费用最大、对施工要求最高的措施，同时也是在提高节能性能的前提下，最完整保持原建筑风貌的措施。

B）增设第二道玻璃窗：在外窗内侧增设第二道窗，装设隔热玻璃。

适用于窗台内侧有足够宽度，且建筑为建筑内部允许改动的第三、第四类优秀历史建筑及其他保留建筑。

可能出现的问题有：内窗的设计需要和外窗相呼应，在维护阶段也有设计要求。此外，第二道玻璃窗的额外费用，是住户负担还是政府有相应的经济补助也是这个策略是否可以落实的关键。对于更换窗扇的策略而言，增设第二道玻璃窗的施工难度相对较低，也相对较容易

保持原建筑的设计风格。

C）整窗更换：对窗框及窗扇进行更换，使用双层中控玻璃或 Low-e 玻璃等节能玻璃及断热铝合金等绝热窗框，达到节能效果。

适用于外窗严重损坏，需要整窗更换。或经考证外窗在多年使用后已被业主或使用者更换，不具保护价值。

可能出现的问题有：更换的外窗是否和原建筑风格相应。和增设第二道玻璃窗相同，整窗更换的额外费用具体由谁承担会成为具体落实的关键。然而，相比前两种策略而言，无疑整窗更换的施工难度最低，施工效率最高。

无论采取上述哪种方式，对于上海里弄建筑改造时，更换外窗必须首先考虑采用对原建筑损坏较小的方式，并进行历史考证，选用的型材应该尽可能与建筑风格和

更换前

更换后

历史原貌协调。外窗的开启方式也应与原物保持一致。

b. 贴密封条

上海里弄建筑多采用木质门窗，经过多年使用后由于木材的干缩和老化，气密性变差，热工性能显著降低。对于此类重点保护的门窗，可在门窗边缘采用自粘型密封条。它安装简便，对于历史建筑基本无破坏，且易于拆除，还能削减门窗关闭时的冲击力，对里弄建筑的门窗起到保护作用。

下图为按照吴锦绣通过数值分析，给出的在旧住宅建筑上增加遮阳设施和门窗更新前后的室内温度比较。

此外，在具体项目中，可以利用数值分析模拟手段对增加遮阳设施对于室内环境的改善进行量化分析。经模拟测算可知：增加遮阳设施后，室内温度的最高降幅

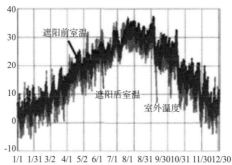

增加遮阳设施前后室内温度比较

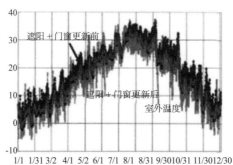

增加遮阳设施和门窗更新前后室内温度比较

可达 3~5℃；如果能够在增加遮阳设施的同时对门窗进行更新，室内温度降幅更加明显，可达 4~6℃。

对于上海里弄建筑的性能优化改造，近期可以采用建筑修缮（包括屋面和墙面），增加遮阳设施和更换节能门窗等措施。这类改造可以在确保居住性的同时，进行小范围修缮。建筑在延续其传统风貌的同时，提高环境性能和使用舒适度，改造的内容简单，投资不多，施工简单。

3. 中期性能提升

中期性能提升不仅是通常意义上的修缮，也会有针对空间性能提升的空间功能调整和完善，以及针对建筑物理性能提升的被动式设计。这类改造相对功能性要求较复杂，需要一定的技术和资金投入，除了建筑上的改建，被动设计也涉及一部分建筑设备更新，需要合理高效的施工配合和规划。具体内容包括空间性能提升、物理性能提升的被动式设计和建筑设备更新。

1）空间性能提升

在上海里弄建筑中，无论是新式里弄还是石库门里弄，在建成之初是标准较高的联排式住宅，多为一户一幢。经过几十年的变迁，权属单位、使用人群的不断变化，现在的状况是多户共用厨房和卫生间等服务设施。单户居住面积小，房间或太大或太小，不适合现代生活方式，而且大多不成套，住户使用非常不便，室内采光通风条件也可能相差很多。

空间性能提升是中期改良型性能提升模式的重要内

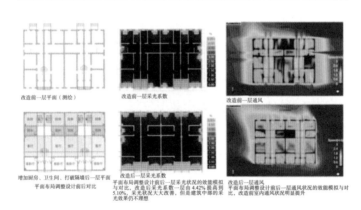

改造前一层平面（测绘）　　　改造前一层采光系数　　　　改造前一层通风

增加厨房、卫生间、打破隔墙后一层平面　　改造后一层采光系数　　　　改造后一层通风
平面布局调整设计前后对比　　　　平面布局调整设计前后一层采光状况的效能模拟　平面布局调整设计前后一层通风状况的效能模拟与对
　　　　　　　　　　　与对比，改造后采光系数一层由4.42%提高到　比，改造前室内通风状况明显提升
　　　　　　　　　　　5.10%，采光状况大大改善，但是建筑中部的采
　　　　　　　　　　　光效率仍不理想

容，包括建筑全面修缮以及平面功能调整与完善，具体
例如增加厨卫设施和隔墙调整等两方面内容。

（1）增加厨卫设施

针对上海里弄建筑卫生服务设施严重不足的状况，
首先考虑对空间布局进行调整，增加厨卫设施。比如利
用里弄建筑前后两排建筑之间的过渡部分增设卫生间，
将采光条件相对差的北侧建筑用作厨房和餐厅。上图为

"旧住宅，新生活"中的改造案例分析结果。

（2）隔墙调整

对建筑内的隔墙进行调整，对于某些面积过小、采光通风状况很差的房间，局部拆除一些隔墙以改善居住条件，提高居住空间的成套率，同时通过隔墙的调整和局部拆除改善采光条件。

（3）设计效能的量化模拟与评价

在实际项目中，建议结合模拟分析，调整空间布局，明显改善室内采光条件。也可以根据项目情况通过例如增加天窗等方式，利用进一步的设计来调整完善，从而改善建筑中部的采光状况。平面布局的调整也可以改善通风条件，提高房间中的风速。

在设计阶段，通过建筑空间的调整、空间功能的调整、并结合模拟分析预计和评价设计手法的效果，有效改善上海里弄建筑的空间性能和环境性能。

2）物理性能提升

在上海里弄建筑的中期性能提升中，针对建筑物理性能提升的方式主要是通过被动式设计，例如遮阳设施、门窗更新和提高围护结构热工性能等，较为全面提高室内环境质量。这些措施作为近期性能提升策略已经在前一节中论述过。作为中期性能提升主要考虑的设计策略有改善自然通风和自然采光。

（1）自然通风改善

通风对居住条件舒适度十分重要，它是决定健康和舒适的重要因素之一。通过自然通风，优化室内气流组织并提高通风效率，确保室内的卫生、健康要求，并达到节约能源、降低建筑运行能耗的目的。由于部分里弄建筑在使用过程中进行了不合理的分割和插建，使局部通风不畅，因而自然通风改善是里弄建筑环境性能改造的重要环节。里弄建筑可通过设置导风板、自然通风器，适当改变房屋内部不合理的隔断，在隐蔽处适当增加送风口等技术手段来改善室内风环境、提高居住舒适度、降低夏季空调能耗等。当里弄建筑外立面无保护要求时，还可采用调节门窗洞口大小及位置、增加通风口、改变挑檐位置等技术手段。

（2）自然采光改造

天然光是一种无污染、可再生的天然优质光源，具有照度均匀、无眩光、持久性好等特点，可减轻季节性的情感错乱和慢性疲劳等。合理使用天然光，不仅可降低上海里弄建筑的能耗，还能提供健康的室内光环境。可采用优化照明设计，选用节能灯具，设置导光管、采光搁板和透过型遮阳等技术手段来改善室内光环境，降低照明能耗。当里弄建筑外立面无保护要求时，还可合理增设采光口，改变已有侧窗和天窗的位置和尺寸。

下图为在旧建筑改造中，加建室外遮阳和采光隔板的实例。

3）建筑设备更新

（1）采用节水型器具

在厨房、浴室等进行内立面修缮时，可将传统的用水器具替换为节水器具。但一些优秀历史建筑的用水器具和卫浴特别精致美观，替换前需进行考证，辨别该用水器具是否具有保护价值，否则禁止更换。

（2）采用节能照明系统

照明灯具一般隐藏在灯罩中，不会影响里弄建筑室内建筑风格和改变内部装饰，且绝大部分灯具使用寿命较短，已经过多次替换，非历史原物，因而有较大的发挥空间。可采用高效节能灯具代替传统白炽灯，并推广使用低耗电子镇流器达到照明节电的目的。选用的节能灯具的光照度及光线颜色应与室内装修相匹配，与建筑风格统一。目前，LED 照明技术和产品也日趋成熟，可以同样作为照明系统更新的选择。

里弄建筑中，公共部分的照明有限，各户内的照明由各住户的喜好和选择左右。在整体修缮工作中，建议更换公共部分的照明系统采用节能照明器具，同时考虑照明控制系统，例如人感照明控制和日光照明控制，同时，对住户进行照明器具选择的宣传推广工作。

（3）采用高效空调系统

考虑到里弄建筑特点，空调设备设置应遵循历史建筑保护可逆性原则。在其空调系统修缮设计过程中建议选用变制冷剂流量多联分体式空调系统。变制冷剂流量多联分体式空调系统即一台室外机连接多台室内机，通过变频技术改变制冷剂流量的直接蒸发式空调系统。它结构紧凑、体积小、管径细，不需要专门的设备间和管道层，对优秀历史建筑的外观影响较小。空调机组应尽可能隐蔽设置。室内机可选用落地式室内机组，外饰面做成与家具、装饰风格及色彩等协调的矮柜形式，布置在适合的位置。室外机宜安放在隐藏的部位如露台、屋顶等，把对外立面的影响降到最低。

对于目前仍在使用中的住宅类优秀历史建筑，宜选择能效比较高的分体式空调器。有多台空调室外机时，需注意空调外机垂直、平面合理迁移，使其布置在一个垂直方向内，可利用优秀历史建筑栏杆对空调外机及管线隐藏规避，也可以在空调外机上加注在整体上接近建筑风格的外机金属罩、空调管线利用专用护套规范布置在墙角等处。

（4）采用高效热水系统

作为一个现代化高标准的生活品质的标志，里弄建筑的中期环境性能提升中的要点之一为在住宅内集中提供热水系统。建议以下三个方向的热水节能措施：

a.采暖——生活热水联合加热系统：由于江南地区气候比较温和，建筑热负荷比较小，因此可使用采暖——生活热水联合加热系统。该系统设备初投资低，提高了锅炉热效率，节省了设备在优秀历史建筑中所占的空间。

b.利用制冷的余热回收来提供生活热水：可在优秀历史建筑空调系统的冷水机组或热泵机组内增加热回收设备，为建筑提供生活热水，若设计得当，优秀历史建筑就可以不设锅炉，而能满足制冷、采暖、热水供应三方面的需要。

c.高效锅炉：优秀历史建筑中一些锅炉使用了较长年限，原有锅炉的效率有所降低，可以考虑更换高效率的锅炉，从而节约能源。

（5）重新布置设备管线

里弄建筑的设备更新常常涉及管线的重新布置，可结合内立面、地坪和顶棚修缮进行统一设计，尽可能避免对里弄建筑内部结构的破坏。内立面修缮时，可利用壁柜、壁炉烟囱、板条墙、建筑原有的风道和管道井等布置管线。对于悬空的木格栅地板，可在地坪或顶棚修缮时，将新风系统管路、制冷剂系统管路、冷凝水系统管路、热水系统管路、光纤电缆等全部铺设于室内地板之下。

4.远期综合性能提升

远期综合性能提升属于更高层次的保护更新策略，在保护里弄建筑外立面或是建筑历史风貌的前提下，强调建筑空间的全面整合，结构全面更新加固，围护结构热工性能的综合提升和绿色技术的全面运用，希望通过保护更新，不仅全面提升里弄建筑本身的建筑环境性能，更能符合可持续发展的要求。这类改造相对对功能性要求较复杂，甚至可能需要考虑一些功能置换或产业调整。需要一定的技术和资金投入，除了建筑上的改建，更多涉及建筑设备更新，需要合理高效的施工配合和长期规划。具体内容包括空间性能提升、物理性能提升的被动式设计和建筑设备更新。

1）空间性能提升

对于上海里弄建筑，远期综合持续型性能提升包括建筑综合修缮、平面功能全面整合与置换以及结构全面加固改造三方面内容。也可以考虑未来建筑改造成商业设施的空间性能提升方法，或改造成养老住宅的空间性能要求。根据建筑空间性能的要求，在立面处理上也会采取相应的改造方式，在不破坏原里弄建筑风貌的基础上，符合新功能的要求和特征。

2）物理性能提升

对于上海里弄建筑，远期综合持续型性能提升提出了更高的要求，不仅包括建筑墙体、门窗、屋面等外围护结构综合改造，还包括绿色建筑技术的全面运用，例如选用环保型建材、使用可再生能源以及生态型场地和景观设计等。

（1）再生能源利用

再生能源（太阳能、风能、潮汐能、地能、生物能等）的利用可节约一次能源消耗、减少温室气体排放，促进里弄建筑改造再利用的环境友好性。考虑到上海的气候特点和运营成本，历史建筑现阶段可大力推广利用太阳能发电、太阳能采暖和太阳能热水系统，其中，太阳能热水器系统既经济又成熟。在里弄建筑改造过程中，太阳能热水系统既可成片安装在屋面或阁楼处，增加夏天屋顶的隔热效果，又可安装在阳台上，提高太阳能利用率。还可结合实际情况适当利用地能、风能、潮汐能和生物能。通过可再生能源的综合利用，进一步降低上海里弄建筑的能耗。

此外，也建议考虑地源热泵技术。地源热泵利用地表浅层的地热能（地表水、地下水、土壤热能）释放或提取热能，作为空调系统的冷热源，也可为热水系统供热。由于该系统需要足够的场地进行热交换，因此适用于密度较低的区域或周边有大片花园、空地的里弄建筑。特别是对于负荷波动小、使用稳定的别墅类里弄建筑，可考虑采用地源热泵空调系统。

（2）资源回收利用

资源回用主要指节水和节材。节水主要包括开源和节流，开源主要指雨水和中水的收集回用，节流主要包括选用节水型器具、培养节水意识、养成良好用水习惯等。考虑到上海降雨量充沛以及中水回用成本仍较高，现阶段可考虑雨水的下渗回用，同时应更换节水型器具，注重水资源的节约和回用。在改造过程中还需考虑材料的节约和循环利用，即在建筑全生命周期中实现资源和能源利用效率的最大化。节材的手段主要有两种：提高原有材料的回收利用率，优先选用绿色环保的新型材料。在历史建筑改造过程中，应尽可能利用拆除的材料或绿色材料，减少材料生产和运输过程中对能源的消耗。

3）建筑设备更新

（1）新型空调系统

结合历史建筑特点，在其改造过程中可选用家用集中空调系统。家用集中空调系统兼具传统中央空调和房间空调器两者的优点，具有舒适、节能、容量调节方便、可保证全居室所有房间的空调效果、不破坏建筑外观、物业管理方便、随用随开等优点。与传统中央空调相比，可省去专用机房，且管路安排及调试比较简单，方便室内装修。与房间空调器相比更易于引入新风，改善室内空气品质，免除"空调病"的烦恼，且能避免因悬挂空调外机而影响历史建筑外观及造成的安全隐患。通过选用新型高效的空调系统，优化管线和风口布置，可降低历史建筑空调系统的能耗。

（2）智能控制和管理

里弄建筑由于建造年代久远，普遍缺乏智能化管理系统。而有效的节能技术必须依赖成功的智能控制和管理，才能达到预期的节能效果。在里弄建筑节能综合改造过程中，应选择合理和经济的智能化系统，以提高管理水平和能源利用效率。通过智能控制和管理，可确保历史建筑节能综合改造和居住环境改善目标的实现。

（3）分项计量和能源审计

里弄建筑弱电系统更新时，可在建筑低压配电系统中对各类不同的用电系统安装分项计量电表和其他计量器具，便于实时分析建筑用能状况、发现并诊断用能问题。

第七章

总结

上海城市化处在前所未有的快速发展时期，对城区里弄等历史建筑的定位与研究也达到了一个新的水平。表面上看，这似乎是一个矛盾的现象，但实质上，对城市历史和文化传承的强调，正是对快速城市化过程的调整与把握的表现。与此同时，城市化引发的大规模旧区改造也使原先集中成片的里弄分崩离析，不断高攀的动迁成本进一步加剧了里弄再生的举步维艰。

本研究旨在立足现有里弄建筑，着眼外部围护结构环境性能的使用运行在一定时间和空间广度内，相对于形式、空间和功能等传统考量要素，具有持续性、稳定性和限制性的特征和现实性的要求，所以环境性能的推敲、改善和确立在再生的各个因素中起到先决和支配作用。而对于性能调适在里弄再生中的探索，现有研究并未涉猎。因此课题组斗胆试水，希望在目前上海旧里弄再生速度有所趋缓的形势下，"思前想后"，从多目标的性能要素共生、共优角度找到里弄再生的突破口，总结出再生模式的框架机制。

本项目的研究意义有三大方面：

本研究着眼于里弄建筑表皮系统，将从实际生活和学术研究中对里弄环境性能优化的要求和问题进行分析整理，提出有现实意义的基于环境性能评价的多目标计算工作内容，整理出环境性能优化评价体系的方案。旨在以环境性能优化评价体系为内核的里弄表皮改造方案；抛砖引玉，达到科学性和可行性的有机兼容，并尝试运用于实际设计工程中，以便提高建筑的全生命周期并确保被改造建筑的环境性能，达到二位一体、建筑美观和环境性能共存的理想状态，并通过跨专业的国际合作，成为今后既有建筑数字化改造的基石。

本研究通过各类文献和案例调研，总结出上海里弄建筑环境性能改造的推进还比较缓慢，存在的瓶颈主要包括以下三个方面。

1. 对环境性能优化理念的认识不足

所有先进的理念和技术都需要依赖人去实施。虽然近年来上海从政府到各级管理部门，乃至商业市场都对建筑环境性能非常关注，也加大了落实各项优化措施，取得了可喜的效果，但是在基层的工作中，环境性能优化的理念还没有深入人心，没有成为每个基层运管人员和实际使用者的最基本的行为准则。需要加大对环境性能优化理念的宣传和落实，培养节能环保的运营和生活习惯，使里弄建筑具节能改造的紧迫感。

2. 对环境性能优化的政策法规支持不足

先进的技术措施在实施初期由于规模较小，往往成本较大，如没有政策法规的有力支持，必将举步维艰。当前，国家各级政府已经积极推进并出台了各项促进建筑环境性能的政策，然而对于里弄建筑改造的政策扶持、税收减免力度和改造财政支持尚需进一步推进。这样才能更有效地提升上海里弄建筑改造项目的环境性能。

3. 对环境性能优化的研究不足

我国目前的环境性能优化技术研究还比较年轻，引进部分国外的先进技术和研究成果可有效减少研究到实践的周期，但是由于气候、经济和文化等多方面差异，应避免不切实际地照搬国外技术和研究结果。应该在考虑我国国情和技术特点的基础上，引进、消化和吸收后再使用。要加大历史既有建筑环境性能优化综合改造的研究投入，拓宽研究领域和思路，保证里弄历史建筑环境性能优化改造的长期健康发展。

本研究中具体提出了近期性能、中期性能和远期性能提升的各项建议。近期性能提升包括屋面和墙面的保温性能、遮阳设施和更换节能门窗等。中期性能和远期性能提升包括空间性能提升、物理性能提升和建筑设备更新等具体策略。试图从综合评价里弄建筑的环境性能着手，结合建筑技术的发展和成熟，对里弄建筑提出实际可行的性能改造方案，使得里弄建筑在提供舒适的居住环境的同时发扬深厚的历史文化内涵，具有鲜明的时代特征，真正实现可持续发展。